冷盘雕刻技术（第2版）

金　敏　主　编
唐　宇　副主编

U0241863

北京·旅游教育出版社

策　　划：景晓莉

责任编辑：景晓莉

图书在版编目（CIP）数据

冷盘雕刻技术 / 金敏主编. ––北京：旅游教育出
版社，2014.11（2015.10）

国家中等职业教育改革发展示范校课程改革教材

ISBN 978 – 7 – 5637 – 3014 – 8

Ⅰ.①冷…　Ⅱ.①金…　Ⅲ.①食品—装饰雕塑—中等
专业学校—教材　Ⅳ.①TS972.114

中国版本图书馆CIP数据核字（2014）第188975号

国家中等职业教育改革发展示范校课程改革教材

冷盘雕刻技术

（第2版）

Lengpan Diaoke Jishu

金敏　**主　编**

唐宇　**副主编**

出版单位	旅游教育出版社
地　　址	北京市朝阳区定福庄南里1号
邮　　编	100024
发行电话	（010）65778403　65728372　65767462（传真）
本社网址	www.tepcb.com
E - mail	tepfx@163.com
排版单位	北京旅教文化传播有限公司
印刷单位	北京京华虎彩印刷有限公司
经销单位	新华书店
开　　本	787毫米×960毫米　1 / 16
印　　张	6.125
字　　数	42千字
版　　次	2015年10月第2版
印　　次	2015年10月第1次印刷
定　　价	26.00元

（图书如有装订差错请与发行部联系）

贵州省旅游学校中职示范校专业教材建设编审委员会

主任：

朱维德　贵州省旅游学校校长

杨黎明　上海教育科学研究院教授

桑　建　中国烹饪协会会长助理、全国餐饮职业教育教学指导委员会秘书长

副主任：

张兴贵　黄维灿　高武国　杨通辉　康永平　杜常青　卢志义

刘　莉　李建忠　李　论　王道祥　余发平　王晓勇　彭　敏

邓剑华　刘利萍　黄长志　张世磊　周建农　毛久林　杨胜琴

蒋　鸣　辜应康　张　洁　宋章海　陈　莹　曾小力　黄　珩

董朝霞　刘　权　景晓莉

委员单位：

遵义市职业技术学校	安龙县职业高级中学
荔波中等职业技术学校	贵州省水利电力学校
遵义市旅游学校	瓮安中等职业技术学校
黎平县中等职业学校	石阡职业高级中学
印江自治县中等职业学校	贵州省电子工业学校
六盘水民族职业技术学校	镇远县中等职业技术学校
开阳职业技术学校	雷山民族职业技术学校
水城县职业技术学校	贵州省经济学校

主　编　金　敏

副主编　唐　宇

参　编　周　星　宝　磊　王俊波

　　　　李　毅　杜志勇　江增琼

本教材是根据贵州省旅游学校国家示范校重点专业建设的需要，由学校组织相关专业带头人、骨干教师和"双师型"教师共同编写而成。在编写过程中，得到学校领导及有关同志的大力支持和热情帮助。

随着国家经济的飞速发展，中国的烹饪业正面临着前所未有的发展机遇，同时也面临着严峻的挑战。作为烹饪业最基层的厨房工作人员，厨师的服务技能及综合素质的高低，关系到整个烹饪行业的兴衰。为提高烹饪从业人员的综合素质，满足烹饪岗位培训工作的需要，国家级示范校——贵州省旅游学校以及业内专家，按照专业课程理实一体化建设的要求，集多年实践经验和研究成果之所成，共同编写了本教材。

贵州省旅游学校烹饪专业目前是省内同行业中影响力最大的国家级重点建设专业。自专业开设以来，我们从大力开展烹饪专业社会培训入手加强专业建设，近年来通过组织全省系统的酒店行业烹饪技能培训、乡村旅游农家乐菜肴系列培训等，已产生了一定的社会影响力。通过几年的前期专业建设积累，学校专业建设工作现逐渐从以社会培训为主向全日制专业技能教学和学历教育相结合转型。烹饪师资队伍强大，专业教师均有在酒店行业或餐饮行业工作或挂职锻炼的经历，大部分参加过国家级骨干师资培训，多次在全省饭店技能大赛和各类餐饮行业培训中担任评委和培训讲师工作，承担全省旅游专业骨干师资培训授课任务。烹饪专业现有兼职教师均聘请贵阳市各高档餐饮企业和五星级酒店中西餐餐饮部总监和知名黔菜大师、行政总厨。经学校学历教育和培训的历届毕业生一出校门即受到餐饮企业的青睐，很多毕业生在企业工作后能够很快进入企业初级管理层，成为业务或者技术骨干。

本教材是一套以工作任务为引领、采用项目化教学的厨房工作培训实用手册。教材具有以下四个鲜明特色：

第一，结合实际：教材立足于目前贵州省省情，紧跟行业步伐，由既有行业背景又有烹饪培训教学经验的教师精心编写而成，保证了知识的准确性。

第二，体例独特：教材打破传统教材的编排模式，紧贴烹饪岗位培训实际，按照项目任务化对重点技能重新整合，突出最为实用和行业最为需要的模块任务，方便了烹饪专业学生阅读学习。

第三，知识实用：每一个工作任务都能在练习关键能力的同时设问，起到举一反三的实用功效。

第四，理念新颖：教材内容紧密结合行业的最新发展实际，注意与国际接轨，借鉴国外烹饪业最先进的培训理念。

本书既是体现贵州地区特点的烹饪专业学生用书，又是厨房工作人员的岗位培训教材，各地旅游行政机构也可作为行业培训用书。

在教材编写中，我们参阅了大量的资料，多位教材建设编委会专家、企业专家和兄弟院校专业教师等给予我们极大的启发与帮助，在此表示衷心的感谢。

贵州省旅游学校

C O N T E N T S 目录

项目一

月季花雕刻

月季花雕刻

项目	要求
雕刻类型	整雕
雕刻方法	直刻、旋刻
特　点	色彩鲜艳、层次分明、形态逼真
原　料	心里美萝卜一个（200克）或牛腿南瓜一个（1000克）

【雕刻质量标准】

1. 学生一律使用统一提供的心里美萝卜或牛腿南瓜雕刻月季花。

2. 月季花直径有5~7厘米，带芯不少于4层。

3. 成品应保证以整雕形式完成，制作过程中严禁使用胶水粘接，要求花瓣展开形态自然、完整、逼真。

4. 成品应用现场提供的外径17.5厘米的平盘盛装展示。

【鉴定标准分析】

1. 月季花雕刻时间为20分钟，要求雕刻技术熟练，操作速度快。

2. 月季花芯外两层花瓣要求5片以上，形状完整，厚薄均匀，互不粘连，内收芯片数、层次不限。难点在于花瓣层次分明，自然散开且厚薄均匀。

3. 整雕的难点在于雕刻用原材料整体无破损，形态生动、完整，具有美感。

雕刻月季花，有平面和三维立体两种方法。

平面雕刻月季花主要是勾勒线条，雕刻后表现出来的是轮廓。做法是先选图，再勾出闭合的轮廓线就可以了。

三维立体的雕刻是采取片、刻、旋的综合雕刻技法，先打坯再逐步成型。

▶ 项目实施路径与步骤

选料→打坯→刻外层第五瓣花瓣→用旋刀法刻出第二层花瓣→用旋刀法去料，刻出第三层花瓣→采用旋刻综合刀法收花芯→用刀在皮上刻出花叶→装盘点缀。

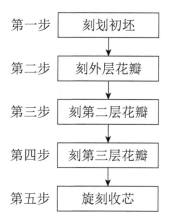

第一步　刻划初坯

第二步　刻外层花瓣

第三步　刻第二层花瓣

第四步　刻第三层花瓣

第五步　旋刻收芯

第一步　刻划初坯

应用直刀法将原料修成直径与高比例约为 1:1 的圆柱形，再用旋刻法将原料下端修整为 60° 角的碗形。

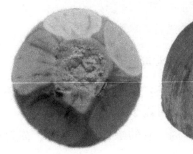

项目链接：雕刻月季花常用时蔬

雕刻月季花通常选用质地结实、体积稍大的根茎类原料，如牛腿南瓜、胡萝卜、心里美萝卜、象牙白萝卜等。

第二步　雕刻外层花瓣

采用执笔手法在碗形上刻出五个相等的半圆形花瓣，再运用旋刻刀法将花瓣上端与原料削离，并在其下方旋刻掉一层废料。

第三步 雕刻第二层花瓣

在刻掉外层花瓣废料的基础上，以相同的技法刻出第二、第三层花瓣并去除废料。

第四步 雕刻花芯

运用旋刻刀法将余下的原料修成低于第三层花瓣高度的花芯粗坯，最后采用执笔手法刻划出层层内包的小花瓣，即成花芯。

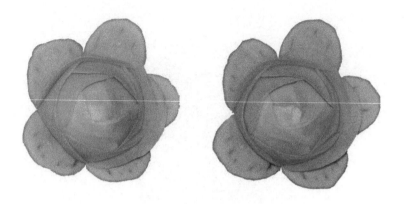

第五步　成品展示

　　问题1：雕刻花瓣时，要将原料均匀地分成五等份，否则难以保证成品花瓣大小均匀、厚薄均匀。

　　问题2：在刻花瓣时要遵循上薄下厚的原则，以便全面造型。

▶ 项目实施评价

1.组织方式：学生按照一人一组分别负责，在完成任务后按一人一组完成拓展任务。

2.生产准备：

所需物品	数量	规格/厘米
菜盘	1个	33（10寸）
雕刻刀具	1套	38.5×28.5×5.5

3.项目评价——实际操作能力：

（1）正确使用、保管工具。

（2）重点示范花瓣层次与结构的变化。

（3）通常安排6课时（1课时，教师示范；4课时，学生练习，教师随堂指导；1课时，学生独立练习）。

月季花雕刻项目评价表

项目	评分			
	标准分	扣分	得分	总分
布局合理	5			
姿势手法	5			
刀　　工	25			
形　　状	15			
造　　型	15			
色彩搭配	10			
创新能力	5			
综合表达能力	10			
团队协作能力	10			

项目作业

1. 巩固练习 7 天（每天 20~40 分钟）。
2. 什么是食品雕刻？

项目拓展

1. 通过完成月季花的雕刻制作，同学们是否能运用学习到的技法完成其他雕刻作品呢？

2. 由月季花雕刻优秀组的第一、第二组同学分别完成荷花、山茶花的雕刻任务。

3. 由学生自行提出制作标准和要求，教师对不足之处给予指导修正。

項目二

鱼跃雕刻

鱼跃雕刻

项目	要求
雕刻类型	整雕
雕刻方法	直握手法、横握手法、执笔手法、戳刀手法
特　　点	鱼体形态逼真、生动
原　　料	牛腿南瓜一个（2500克）

【雕刻质量标准】

鱼跃雕刻时间为 120 分钟，具体要求为：

1. 学生一律使用统一提供的牛腿南瓜（1 个）雕刻成鲤鱼和浪花。

2. 鲤鱼头部约占整个鱼体的 1/3。

3. 鱼鳃刻于鱼头后部，鱼鳞大小、距离一致。

4. 鲤鱼身体与鱼尾的反翘幅度必须协调、自然，表现出腾跃的灵动感。

5. 成品一律使用现场提供的 33 厘米（10 寸）的平盘盛装展示。

是１１

【鉴定标准分析】

1. 120 分钟内完成作品雕刻工作，因此下刀要干净利落，雕刻要细致。

2. 作品造型奇特、动感逼真。

3. 成品结构合理、比例协调。

4. 刀工精细、线条流畅。

 项目知识储备

食品雕刻形式

食品雕刻所涉及的内容非常广泛，品种也多种多样，采用的雕刻形

式也有所不同，大致可分为如下四种：

一、整雕

整雕，又叫立体雕刻。即把雕刻原料刻制成立体的艺术形象，在雕刻技法上难度较大，要求也较高，具有真实感和使用性强等特点。

二、浮雕

浮雕，顾名思义就是在原料的表面上，表现出画面的雕刻方法，有

阴纹浮雕和阳纹浮雕之分。阴纹浮雕是用"V"形刀，在原料表面插出"V"形的线条图案，此法在操作时较为方便；阳纹浮雕是将画面之外的多余部分刻掉，留有"凸"形高于表面的图案，这种方法比较费力，但效果较好。另外，用阳纹浮雕技法时，还可根据画面的设计要求，逐层推进，以达到更高的艺术要求。此法适合于刻制亭台楼阁、人物、风景等，具有半立体、半浮雕的特点，其难度和要求较高。

三、镂空

镂空，一般是在浮雕的基础上，将画面之外的多余部分刻透，以便更生动地表现出画面的图案，如"南瓜灯"等。

四、模扣

模扣，在这里是指用不锈钢片或铜片弯制成的各种动物、植物等的

外部轮廓的食品模型。使用时，可将雕刻原料切成厚片，用模型刀在原料上用力向下按压成型，再将原料一片片切开，或用于配菜，或点缀于盘边，若是熟制品，如糕、火腿等可直接入菜。

项目理论

一、鱼跃的寓意与作用

在我国五千年的传统文化发展中，因"鱼"与"余"谐音，人们常用鲤鱼来表达年年有余之意，因此该雕刻具有极强的实践意义。

古代传说黄河鲤鱼跳过龙门，就会变化成龙。《埤雅·释鱼》："俗说鱼跃龙门，过而为龙，唯鲤或然。"清李元《蠕范·物体》："鲤……黄者每岁季春逆流登龙门山，天火自后烧其尾，则化为龙。"后以"鲤鱼跳龙门"比喻中举、升官等飞黄腾达之事。后来又用作比喻逆流前进，奋发向上。

该雕刻作品适用于各种中高档宴席、菜肴的装饰和展台布置。

二、雕刻鱼跃时常用的食品材料

该雕刻可用的原料很多，凡质地细密、坚实、色泽鲜艳的瓜果或根茎类蔬菜均可使用。另外还有很多能够直接食用的可塑性原料。

在选用这些原料时，一要确保新鲜、质好，以脆嫩不软、肉中无筋、肉质细密、内实而不空者为佳；二要形态端正，这一方面可以减少修整工作，另一方面也容易刻出美观的形象，特别是要选择适合作品雕刻所需要的形态；三要色泽鲜艳而光洁，雕刻多运用原料的自然色泽，并加以巧妙搭配，达到绚丽多彩的效果。一般雕刻都不染色（除特殊情况外），因此选色显得特别重要。

由于雕刻需要的原料规格、品种很多，而这些原料的形态、色泽、性能等又因栽培的方法不同，生长季节不同有很大差异，选择理想的原料并不容易。为了保证雕刻的质量，必须遵循上述几点要求，精心选择适当的原料，才能雕刻出好的作品。

推荐使用材料：芋头、南瓜、象牙白萝卜等。

▶ 项目实施路径与步骤

第一步	初坯修整
第二步	刻鱼头部
第三步	刻鱼身体
第四步	组装、修整
第五步	装盘点缀

第一步　初坯修整

用雕刻主刀先将南瓜的实心部分修圆，修整出鲤鱼头的部位、鱼体、鱼尾的主体轮廓。

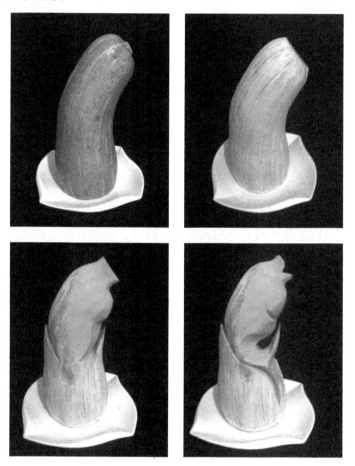

第二步　雕刻头部

运用执笔刀法刻出鲤鱼跳跃的整体轮廓，再刻出弧形的鱼唇，并分出上下唇，上唇微长于下唇，并在鲤鱼下唇刻出凹形，凸显鱼唇反翘感。在鱼头的两侧刻出一对半圆形的鱼鳃。

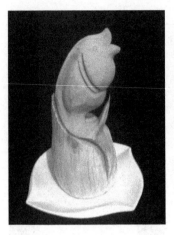 

第三步 雕刻身体

运用划线刀刻划出鱼鳞，再刻出鲤鱼的尾部，突出鲤鱼尾部的翻翘灵动感。另取边角小料刻划出鱼背鳍、腹鳍、胸鳍并组装在鱼体上。

第四步 组装、修整和装饰

将鲤鱼下方的原料雕刻成波浪以作衬托。

冷盘雕刻技术

第五步　装盘点缀

用 10 寸的平盘盛装并用边角料刻水花点缀即可。

项目预案

　　问题 1：把握好鲤鱼头与鲤鱼身的比例，正确的比例应为鱼头：身体为 1:3。

　　问题 2：刻划出鱼体的弯曲弧度，使鲤鱼造型更灵动。

1. 组织方式：学生按照一人一组分别负责，在完成任务后按一人一组完成拓展任务。

2. 生产准备：

所需物品	数量	规格/厘米
菜盘	1个	33（10寸）
雕刻刀具	1套	38.5×28.5×5.5

3. 项目评价：

（1）正确使用并保管工具。

（2）教师应重点讲解示范作品的整体与局部的关系。

（3）通常安排11课时：2课时，教师示范；3课时，学生练习，教师随堂指导；3课时，学生独立完成作品；3课时，学生独立练习。

鱼跃雕项目评价表

项目	评分			
	标准分	扣分	得分	总分
选料去皮	5			
初坯成型	10			
整体比例	25			
鱼头细节	5			
鱼身细节	20			
鱼尾细节	10			
运刀手法	5			
操作卫生	10			
时间120分钟	10			

项目作业

1. 巩固练习 10 天（每天 120 分钟）。
2. 食品雕刻的种类与特点有哪些？

项目拓展

1. 通过鱼跃的雕刻制作，同学们运用同样的技法雕刻完成其他鱼类作品。

2. 由完成鱼跃雕刻获得优秀的第一、第二组分别完成海豚、金鱼的雕刻。

3. 由学生自行提出制作标准和要求，教师对不足之处给予指导修正。

项目三
绶带鸟雕刻

绶带鸟雕刻

项目	要求
雕刻类型	整雕
雕刻方法	直握手法、横握手法、执笔手法、戳刀手法
特　　点	体态灵动、形态逼真
原　　料	胡萝卜一个（1000克）

【雕刻质量标准】

绶带鸟雕刻，时间为 60 分钟，具体要求为：

1.操作姿势正确，动作协调，灵活自然。

2.刀法正确。

3.色泽自然。

4.鸟头、鸟身和鸟尾布局和结构合理，层次清晰。

5.成品一律使用现场提供的 33 厘米（10 寸）的平盘盛装展示。

【鉴定标准分析】

1.雕刻重点是突出逼真生动的形象。

2.绶带鸟雕刻直径 5~7 厘米，长度 15~20 厘米，形状完整，头、身、尾比例协调，羽翅可刻成内收和外展两种，层次不限。难点是头、身、尾的比例和谐。

3.应保证成品完成，无破损，严禁使用胶水粘接，整体形象生动完整。

 项目知识储备

中国历来有烹饪王国的美称，这顶桂冠应当说是名副其实的，因为

中国的烹饪历史比古埃及、古罗马的国家历史还要长，辽阔的地域以及众多的民族孕育了中国博大精深的烹饪文化，其中比较典型的就是众所周知的食品雕刻技艺了。

食品雕刻是用烹饪原料雕刻成各种动植物、人物、花卉、风光、建筑等图案来美化菜肴、装点宴席的一种美术技艺。它既是烹饪技术的一部分，又是艺术店堂里一门独特的雕刻艺术。艺术来源于生活，又高于生活，食品雕刻可谓是艺术的结晶，也是中国烹饪文化百花园中绽放出的一朵奇葩。

雕刻艺术主要讲的是形与神，也就是在具体事物的形状上，该省略的省略、该夸张的夸张，或通过拟人的手法去把形状定出来，定出形状之后必须表现出神韵来。

食品雕刻速度必须快，这是由行业性质决定的。以往食品雕刻作为美化菜肴、装点宴席用，普通的食品雕刻需苦练五六载，才能独立完成一些简单的作品。

失传已久的蒙眼雕刻是在蒙眼后进行的，所以练习时也是在黑暗中进行的。例如：蒙眼刻花、蒙眼捏花、蒙眼抻龙须面等，拥有这些绝活绝技的厨师备受业内同人的关注与敬佩。

项目理论

一、绶带鸟的寓意与作用

绶带鸟，又名寿带鸟、练鹊、长尾鹟、一枝花。雄鸟有两种色形，体长连尾羽约30厘米，头、颈和羽冠均具深蓝光辉，身体其余部分白色而具黑色羽干纹。中央两根尾羽长为身体的四五倍，形似绶带，故名绶带鸟。

雌鸟较雄鸟短小，它的体态美丽，体型似麻雀大小，体色带有金属闪光的蓝黑色，头顶伸出一簇冠羽，鸣叫时可耸起。体羽为背栗腹白，翅亦为栗色。到了老年，鸟的全身羽毛成为白色，拖着白色的长尾，飞翔于林间，因而又称之为"一枝花"。

鸟巢筑于树权间，以树皮和禾本科草叶为巢材，巢形为杯状。食物中几乎全为昆虫，而且以鳞翅目为最多，例如天蛾、松毛虫及其幼虫和卵等，是森林中非常好的消灭害虫的能手。

健康长寿是人们追求和期盼的重要目标之一，长寿典故和题材非常多，表示长寿的有寿桃、绶带鸟、白头翁、寿星等。绶带鸟雕刻作品在宴席上代表延年益寿的寓意。

二、绶带鸟的特征及有关知识

（一）栗色型

（雄鸟）自前额、头顶、枕、羽冠一直到后颈、颈侧、头侧等整个头部以及额、喉和上胸概为蓝黑色而富有金属光泽；眼圈辉钴蓝色；背、肩、腰和尾上覆羽等其余上体为带紫的深栗红色；尾栗色或栗红色，两枚中央尾羽特别延长，羽干暗褐色；最内侧次级飞羽和三级飞羽以及内侧覆羽与背同色，为深栗红色，小翼羽外侧初级覆羽黑褐色，其余覆羽黑褐色；外翈羽缘栗红色，外侧飞羽黑褐色，胸和两肋灰色，往后逐渐变淡，到腹和尾下覆羽全为白色。

（二）白色型

（雄鸟）整个头、颈以及颏、喉和栗色型相似，概为亮蓝黑色；背至尾等上体为白色，各羽具细窄的黑色羽干纹；中央一对尾羽亦特别延长，尾羽亦为白色和具窄的黑色羽干纹；翅上覆羽白色具细窄的羽干纹；黑色小翼羽和外侧初级覆羽黑褐色，羽缘白色，最内侧次级飞羽白色具粗的黑色羽干纹；内翈具楔状黑斑或具黑色羽缘，其余飞羽黑褐色，除最外侧一二枚外，均具白色羽缘，胸至尾下覆羽纯白色；眼圈辉钴蓝色。

（三）雌鸟

整个头、颈、颏、喉均与雄鸟相似，但辉亮差些，羽冠亦稍短；后颈暗紫灰色，眼圈淡蓝色；上体余部包括两翅和尾表面栗色，中央尾羽不延长；内侧覆羽和飞羽颜色同背，外侧覆羽和飞羽黑褐色，外翈羽缘栗色；下体和栗色型雄鸟相似，但尾下覆羽微沾淡栗色。

（四）体态

虹膜暗褐色，嘴钴蓝色或蓝色，脚钴蓝色或铅蓝色。口裂大，喙宽阔而扁平，一般较短，成三角形，张开以后，面积很大。鼻孔覆羽。翅一般短圆，飞行灵便。腿较短。

（五）习性

绶带鸟在中国主要为夏候鸟，部分在广东、广西和香港越冬。常单独或成对活动，偶尔也见三五成群。性羞怯，常活动在森林中下层茂密的树枝间，时而在树枝上跳来跳去，时而在枝间飞翔，或从一棵树飞向另一棵树。飞行缓慢，长尾摇曳，如风筝飘带，异常优雅悦目，一般不做长距离飞行。常从栖息的树枝上飞到空中捕食昆虫，偶尔亦降落到地上，落地时长尾高举。鸣声高亢、洪亮，鸣叫时羽冠耸立。繁殖期间领域性甚强，一旦有别的鸟侵入，立刻加以驱赶，直到赶走为止。

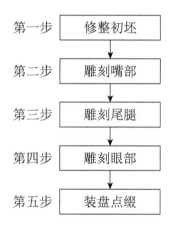

▶ 项目实施路径与步骤

第一步	修整初坯
第二步	雕刻嘴部
第三步	雕刻尾腿
第四步	雕刻眼部
第五步	装盘点缀

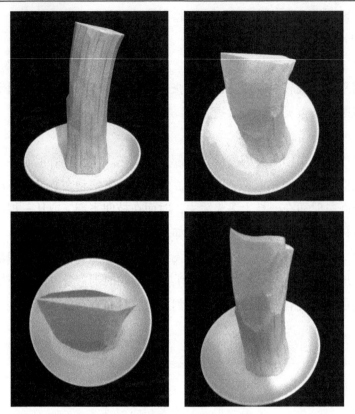

　　先用菜刀将原料切成楔形坯子，在坯子侧面刻出绶带鸟的体态轮廓，并确定绶带鸟尾巴的长度，刻划出头、身体，然后雕刻出绶带鸟的上嘴与下嘴，同时预先保留身体两侧的翅膀位置。

第二步　雕刻嘴和翅膀

运用雕刻主刀在鸟的头部刻出绶带鸟的冠羽,并用戳刀法戳出绶带鸟的翅膀羽毛。

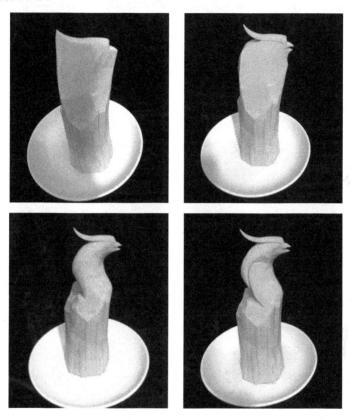

第三步　雕刻尾部、腿部

运用主刀刻出长长的尾羽线条,在腹部的后端再用执笔法刻出一对鸟爪。

第四步 雕刻眼睛与细微部分，装盘点缀

用主刀刻出眼睛，并用划线刀刻出细部羽毛，即可装盘点缀。

项目预案

问题1：在刻划初坯时，要把握好绶带鸟的头、身、尾的比例。

问题2：在刻划眼和翅膀时要让两边对称协调。

项目实施评价

1. 组织方式：学生按照一人一组分别负责，在完成任务后按一人一组完成拓展任务。

2. 生产准备：

所需物品	数量	规格/厘米
菜盘	1个	33（10寸）
雕刻刀具	1套	38.5×28.5×5.5

3. 项目评价：

（1）正确使用保管道具。

（2）绶带鸟的头部、腿部比较复杂，教师应重点讲解和做好示范。

（3）通常安排8课时：2课时，教师示范；5课时，学生练习，教师随堂指导；1课时，学生独立练习。

绶带鸟雕刻项目评价表

项目	评分			
	标准分	扣分	得分	总分
选料去皮	5			
初坯成型	10			
比例布局	25			

项目	评分			
	标准分	扣分	得分	总分
鸟头细节	5			
鸟身细节	20			
鸟尾细节	10			
鸟爪细节	5			
操作卫生	10			
时间60分钟	10			

项目作业

1. 巩固练习 7 天（每天 40 分钟）。

2. 说说食品雕刻在中华美食文化中的地位。

项目拓展

1. 通过完成绶带鸟的雕刻制作，同学们运用同样的技法能完成其他作品。

2. 由完成绶带鸟雕刻获得优秀的第一、第二组分别完成各种小型鸟的雕刻（如：麻雀、翠鸟）。

3. 由学生自行提出制作标准和要求，教师对不足之处给予指导修正。

项目四

宝塔雕刻

宝塔雕刻

项目	要求
雕刻类型	整雕
雕刻方法	直握手法、横握手法、执笔手法、戳刀手法
特　点	造型逼真、比例协调、结构合理
原　料	胡萝卜1个（1000克）

【雕刻质量标准】

雕刻宝塔，时间为 60 分钟，具体要求为：

1. 用胡萝卜雕刻成宝塔。

2. 宝塔直径 7~10 厘米，不少于 5 层。

3. 应以整雕形式完成，严禁使用胶水粘接，要求自然、完整，形态逼真。

【鉴定标准分析】

1. 宝塔雕刻耗时 1 小时。

2. 雕刻出的宝塔包含塔尖在内不少于 5 层，要求形状完整、均匀，难点在于塔身层次分明。

3. 应以整雕形式完成，难点在无破损，形象生动、逼真完整。

食雕基础

一直以来，学习食品雕刻都是在没有美术基础的前提下，通过师傅言传身教，自己埋头苦练。所谓工多艺熟，花上九牛二虎之力才能把食品雕刻学好，而且雕刻出来的作品大多是千篇一律，假如要改动一下形态就无从下手，从而极大地限制了学者的发展。

食品雕刻造型是一种艺术创作，它具有表现客观事物真实性的一面，同时又有非客观事物无法单纯复制的特点。它是根据作者不同的目的，对事物的原形进行艺术加工创造的结果。例如：在雕刻雄鹰的头部时，往往须辅助添加一些线条来夸张其造型使之更传神。虽然这样与真实的形象相比较有点出入，但却强化了装饰性。为了顺利达到这种预定的造型目的，从事物的原形到作品成型之间必须寻找一条通往目的地的"路"，这条路就是通过加强素描练习，提高造型能力。

其实，食品雕刻是一种造型艺术，雕塑艺术家之所以能把一种形象塑造得非常逼真，是通过长期的素描练习打下的造型基础。同样，当在学习食品雕刻时，如能通过素描练习，在具备一定造型能力的前提下，学习起来会轻松许多。

食品雕刻练习并不是单纯的刀工练习，熟悉结构形体的本质也是非常重要的。优秀的食品雕刻作品应该具有很强的结构感、空间感、比例得当，并具有一定的装饰性。假如没有这种功力，其雕刻出来的作品也是空洞单薄的，说不上是一件完美的食雕艺术品。

项目理论

一、宝塔的起源

宝塔不是中国的"原产"，而是起源于印度。汉代，随着佛教从印度传入中国，塔也"进口"到了中国。"塔"是印度梵语的译音，本义是坟墓，是古代印度高僧圆寂后用来埋放骨灰的地方。

公元 1 世纪前后，印度的窣堵波随着佛教传入中国，"塔"字也应运而生（塔字既象形，又涵盖了 stupa 的音与义，从"土"旁，含有封土之下埋有尸骨或"舍利"之意）。然而，中国并没有滋生印度佛教的社会土壤，佛教只好依附传统的礼制祠祀，佛塔也和古典的楼阁台榭结合起来，成了"上悬铜串九重，下为重楼阁道"的塔刹。

二、圣物宝塔

与中原相比，藏区的佛塔产生时间略晚。据记载，佛塔建筑于公元7世纪中叶传入西藏，印度的覆钵式塔与西藏原有苯教的土石塔相结合，并融入藏族的建筑艺术，最终使藏式佛塔成为一种独具风格的建筑类型。

佛教圣物宝塔供信徒顶礼膜拜，同时又威慑压制邪恶或异己力量。从藏传佛教仪轨分类，早期常见有噶当塔等供养塔，形制多与印度佛塔相似。

三、宝塔的种类

中国的古塔也是多种多样的，从它们的外表造型和结构形式上来看，大体可以分为以下七种类型：

1. 楼阁式塔：在中国古塔中的历史最悠久、体形最高大、保存数量最多，是汉民族所特有的佛塔建筑样式。这种塔的每层间距比较大，一眼望去就像一座高层的楼阁。形体比较高大的，在塔内一般都设有砖石或木制的楼梯，可以供人们拾级攀登、眺览远方，塔身的层数与塔内的楼层往往是一致的。在有的塔外还有意制作出仿木结构的门窗与柱子等。

2. 密檐式塔：在中国古塔中的数量和地位仅次于楼阁式塔，形体一般也比较高大，它是由楼阁式的木塔向砖石结构发展时演变而来的。这种塔的第一层很高大，而第一层以上每层的层高却特别小，各层的塔檐紧密重叠着。塔身的内部一般是空筒式的，不能登临眺览。有的密檐式塔在制作时就是实心的。即使在塔内设有楼梯可以攀登，而内部实际的楼层数也要远远少于外表所表现出的塔檐层数。富丽的仿木构建筑装饰大部分集中在塔身的第一层。

3. 覆钵式塔：是印度古老的传统佛塔形制，在中国很早就开始建造了，主要流行于元代以后。它的塔身部分是一个平面呈圆形的覆钵体，

　冷盘雕刻技术

上面安置着高大的塔刹，下面有须弥座承托着。这种塔由于被西藏的藏传佛教使用较多，所以又被人们称作"喇嘛塔"。又因为它的形状很像一个瓶子，又俗称"宝瓶式塔"。

4. 亭阁式塔：是印度的覆钵式塔与中国古代传统的亭阁建筑相结合的一种古塔形式，也具有悠久的历史。塔身的外表就像一座亭子，都是单层的，有的在顶上还加建一个小阁。在塔身的内部一般设立佛龛，安置佛像。由于这种塔结构简单、费用不大、易于修造，曾经被许多高僧们采用作为墓塔。

5. 花塔：花塔有单层的，也有多层的。它的主要特征是在塔身的上半部装饰繁复的花饰，看上去就好像一个巨大的花束。它可能是从装饰亭阁式塔的顶部和楼阁式、密檐式塔的塔身发展而来的，用来表现佛教中的莲花藏世界。它的数量虽然不多，但造型却独具一格。

6. 金刚宝座式塔：这种名称是针对它的自身组合情况而言的，而具体形制则是多样的。它的基本特征是：下面有一个高大的基座，座上建有五塔，位于中间的一塔比较高大，而位于四角的四塔相对比较矮小。基座上五塔的形制并没有一定的规定，有的是密檐式的，有的则是覆钵式的。这种塔是供奉佛教中密教金刚界五部主佛舍利的宝塔，在中国流行于明朝以后。

7. 过街塔和塔门：过街塔是修建在街道中或大路上的塔，下有门洞可以使车马行人通过；塔门就是把塔的下部修成门洞的形式，一般只容行人经过，不行车马。这两种塔都是在元朝开始出现的，所以门洞上所建的塔一般都是覆钵式的，有的是一塔，有的则是三塔并列或五塔并列式。门洞上的塔就是佛祖的象征，那么凡是从塔下门洞经过的人，就算是向佛进行了一次顶礼膜拜。这就是建造过街塔和塔门的意义所在。

密檐式塔   楼阁式塔   覆钵式塔   金刚宝座式塔

亭阁式塔   北京居庸关过街塔

　　除了以上列举的七类古塔之外，在中国古代还有不少并不常见的古塔形制，如在亭阁式塔顶上分建九座小塔的九顶塔；类似于汉民族传统门阙建筑形式的阙式塔；形似圆筒状的圆筒塔；钟形塔、球形塔、经幢式塔等，一般多见于埋葬高僧遗骨的墓塔。还有一种藏传佛教寺院中流行的高台式列塔，即在一座长方形的高台之上建有五座或八座大小相等的覆钵式塔。另外，还有一些将两种或三种塔形组合在一起的形制，如把楼阁式塔安置在覆钵塔的上面，或者把覆钵式塔与密檐式、楼阁式组合为一体，或者在方形、多边形的亭阁上面加覆钵体，这样一来，使古塔的形式更加丰富多彩、变化多样了。

第一步 —— 刻划初坯

第二步 —— 刻塔尖

第三步 —— 刻出五层

第四步 —— 刻墙体

第五步 —— 刻底座点缀

第一步 刻划初坯、雕刻塔尖

用菜刀将胡萝卜修切成上窄下宽的五角锥形初坯。从顶部下刀，刻出塔尖，从上至下刻划成葫芦形，即为塔尖。

第二步　雕刻出宝塔的五层整体造型

宝塔屋面的高度约为每层高的一半，雕刻第一层时，先刻出宝塔屋脊与塔檐和屋面，再刻出宝塔墙壁与墙壁下部的走廊，最后运用同样的方法刻出第二、三、四、五层的塔层。

第三步　雕刻墙体结构

在每层墙体上刻划出塔柱和塔门的结构，运用戳刀手法戳出塔檐瓦片。

第四步 雕刻宝塔底座

运用主刀刻画出宝塔的底座和塔砖的砖纹，点缀即可。

问题1：选料需选用长柱形的粗大笔直的原料，这样才便于刻划宝塔。

问题2：必须确保瓦檐的弯曲弧度大小一致，侧面所去废料应该相等，否则宝塔塔身会歪斜。

1.组织方式：学生按照一人一组分别负责，在完成任务后按一人一组完成拓展任务。

2.生产准备：

所需物品	数量	规格/厘米
菜盘	1个	33（10寸）
雕刻刀具	1套	38.5×28.5×5.5

3.项目评价：

（1）正确使用保管刀具。

（2）先让学生分别进行四边形、六边形、八边形宝塔的雕刻练习。

（3）通常安排7课时：2课时，教师示范；4课时，学生练习，教师随堂指导；1课时，学生独立练习。

宝塔雕刻项目评价表

项目	评分			
	标准分	扣分	得分	总分
选料去皮	5			
初坯成型	10			
主体结构	25			
墙顶结构	5			
墙檐结构	20			
塔门结构	10			
塔底结构	5			
操作卫生	10			
时间60分钟	10			

项目作业

1.巩固练习7天（每天60分钟）。

2.初学者学习食品雕刻该如何入门。

1.通过完成宝塔的雕刻制作，同学们能运用同样的技法完成其他作品。

2.由完成宝塔雕刻获得优秀的第一、第二组分别完成拱桥、侗寨的雕刻。

3.由学生自行提出制作标准和要求，教师对不足之处给予指导修正。

项目五

什锦冷拼

什锦冷拼

项目	要求
味　　型	咸鲜适口
烹制方法	生拌、切、拼
特　　点	色泽鲜艳、层次分明、食材本味突出、口感脆嫩
原　　料	黄瓜 100 克、胡萝卜 100 克 萝卜 100 克、心里美萝卜 200 克 午餐肉 100 克、鸡丝 50 克 卤牛肉 100 克、香肠 100 克

　　冷拼通过造型艺术，把宴席的主题充分体现出来，远比其他菜品表达得更直接、更具体。冷拼大多用于宴会、宴席。在制作上，技术性和艺术性都较高，无论刀工和配色都必须事先考虑周到，才能得到形象逼真、色彩动人的艺术效果。根据表现形式不同，冷拼的基本表现形式一般可分为平面型、卧式型和立体型三大类。

　　冷拼，也称拼盘、冷盘等，是在创作者精心构思的基础上，运用精湛的刀工及艺术手法，将多种凉菜菜肴在盘中拼摆成各种平面的、立体的或半立体图案的一种烹饪手段。作品编排由简至繁，循序渐进，重点突出。每个作品都有详细的分步图片和文字说明，读者可直观地掌握作品的整个拼摆过程。大部分作品创意新颖，适合现时和未来的工作及比赛之需。花色冷拼是在扎实的食品雕刻基础上，提炼出来的精湛厨艺。

冷拼讲究寓意吉祥、布局严谨、刀工精细、拼摆匀称。

【冷拼质量标准】

1. 时间要求：30 分钟内完成。

2. 质量要求：色、香、味、型、口感良好，拼摆合理，整齐划一，选盘适宜，盘饰美观。

3. 安全要求：严格按照安全操作规程进行项目作业，严格执行冷菜间"五专"制度，即：专人专室制作，专用工具，专用消毒设施，专用储藏设备，专用冷藏设备。

4. 文明要求：自觉按照文明生产规则进行项目作业。

5. 环保要求：按照环境保护要求进行项目作业。

【鉴定标准分析】

1. 外形：刀功细致，比例合适，主次分明，清爽，盘内无汁水；整盘菜颜色明快，拼摆整齐美观。

2. 香：咸鲜适口，振人食欲。

3. 口感：鲜爽脆嫩、爽口开胃。

4. 味道：鲜嫩、清甜、脆嫩、咸香适口、软糯。

一、冷拼

冷拼是由一般的冷菜拼盘逐渐发展而成的，发源于中国，是悠久的中华饮食文化孕育的一颗璀璨明珠，其历史源远流长。唐代，就有了用菜肴仿制园林胜景的习俗。宋代，则出现了以冷盘仿制园林胜景的形式，特别是当时宋代寺院中用冷菜仿制王维"辋川别墅"的胜景，被认为是世界上最早的花色冷拼。明、清时期，拼盘技艺进一步发展，制作水平更加精细。近几年，随着经济的发展，花色冷拼得到迅猛发展，原料的使用范围扩大，取材也更广泛，其运用范围也在扩大，被越来越多的厨师所青睐、所运用，极大地繁荣和推动了我国烹饪文化的发展。发展到今天，冷拼已渐渐成为烹饪殿堂中一朵灿烂的奇葩。

冷拼，也称花色冷盘、花色拼盘、工艺冷拼等，是指利用各种加工好的冷菜原料，采用不同的刀法和拼摆技法，按照一定的次序、层次和位置将冷菜原料拼摆成山水、花卉、鸟类、动物等图案，提供给就餐者欣赏和食用的一门冷菜拼摆艺术。花色冷拼在宴席程序中是最先与就餐者见面的头菜，它以艳丽的色彩、逼真的造型呈现在人们面前，让人赏心悦目，振人食欲，使就餐者在饱尝口福之余，还能得到美的享受。它在宴席中能起到美化和烘托主题的作用，同时还能提高宴席档次。

生拌的要点：对原材料进行消毒处理，调味精准，手法娴熟。

切的要点：刀工精细，精确迅速。

拼盘的要点：层次分明，次序有别，整齐划一。

二、营养膳食搭配知识

黄瓜

黄瓜含葡萄糖等多种营养成分，其头部多苦味，苦味成分为葫芦素 A、B、C、D，可食部分达 92%，每 100 克含蛋白质 0.6 ~ 0.8 克，脂肪 0.2 克，碳水化合物 1.6 ~ 2.0 克，钙 15 ~ 19 毫克，磷 29 ~ 33 毫克，铁 0.2~1.1 毫克，胡萝卜素 0.2 ~ 0.3 毫克，硫胺素 0.02 ~ 0.04 毫克，核黄素 0.04 ~ 0.4 毫克，尼克酸 0.2 ~ 0.3 毫克，维生素 C 4 ~ 11 毫克。

胡萝卜

胡萝卜是一种营养丰富、老幼皆宜的好菜蔬，誉称"小人参"。胡萝卜中最负盛名的成分就是胡萝卜素——这是一种黄色色素，一百多年前在胡萝卜中首先被发现的。其含量是土豆的 360 倍、芹菜的 36 倍。胡萝卜素进入人体被吸收后，可转化成维生素 A，所以胡萝卜素又叫维生素 A 原。可贵的是，胡萝卜虽经煮蒸日晒，其中的胡萝卜素损失却很少。

牛肉

牛肉富含肌氨酸，肌氨酸是肌肉燃料之源，对增长肌肉、增强力量特别有效，使训练能坚持得更久。牛肉含维生素 B_6，能增强免疫力，促进蛋白质的新陈代谢合成，有助于紧张训练后身体的恢复。牛肉含肉毒碱，肉毒碱主要用于支持脂肪的新陈代谢，产生支链氨基酸，对健美运动员增长肌肉起重要作用。此外，牛肉还富含钾、锌、镁、铁及蛋白质，是亚油酸的低脂肪来源。牛肉具有补脾胃、益气血、强筋骨、消水肿等功效。

萝卜

萝卜的营养比较丰富。据分析，萝卜每100克可食部分，含碳水化合物6克、蛋白质0.6克、钙49毫克、磷34毫克、铁0.5毫克、无机盐0.8克、维生素C30毫克。萝卜及秧苗和种子，在预防和治疗流行脑炎、煤气中毒、暑热、痢疾、腹泻、热咳带血等病方面有较好的药效。

心里美萝卜

心里美萝卜所含热量较少，纤维素较多，吃后易产生饱胀感，这些都有助于减肥。萝卜能诱导人体自身产生干扰素，增加机体免疫力，并能抑制癌细胞的生长，对防癌、抗癌有重要作用。萝卜中的芥子油和精纤维可促进胃肠蠕动，有助于体内废物的排出。

三、工艺流程

1.选料→ 2.清洗消毒→ 3.腌制→ 4.改刀→ 5.拌制→ 6.垫底

盖面制作什锦冷菜拼盘时，也要经过一般冷菜装盘时的三个步骤，即垫底、围边、盖面。但在选料上荤素搭配要合理，颜色对比强烈，营养配比均衡。

▶ 项目实施路径与步骤

第一步　选料

第二步　腌制

第三步　改刀

第四步　垫底

第五步　盖面

第一步　选料

将黄瓜、胡萝卜、象牙白萝卜冲洗干净加热消毒，削皮，去心。将象牙白萝卜改刀成细丝，加入调料腌制。

第二步　备料、垫底

将经过初处理的黄瓜、胡萝卜、象牙白萝卜改刀成长 6 厘米 × 宽 1.5 厘米的柳叶片。

也可选用卤牛肉、午餐肉、香肠等荤菜拼装冷盘。将卤牛肉、午餐肉、香肠等切配成长6厘米×宽1.5厘米的片状即可。

将腌制好的白萝卜丝（也可选用鸡丝）垫底，这样可使拼盘看起来比较饱满。

第三步　盖面成盘

用23厘米的平盘盛装，稍加装饰即可。

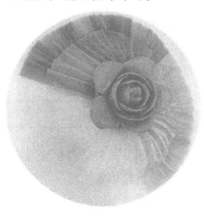

问题1：片的大小不一致怎么办？

措施：加强刀工基本功训练，逐步提高刀工技术水平。

问题2：拼摆不整齐怎么办？

措施：采用上、下、左、右四方定位法，先取四片改刀好的原料固定好 72° 夹角，再开始拼制。

1.组织方式：学生一人一组分别负责切配和拼盘，在完成什锦冷拼任务后按一人一组完成拓展任务。

2.生产准备：

所需物品	数量	规格/厘米
炒锅	1个	标准
炒勺	1把	标准
菜刀	1把	标准
案板	1个	标准
液化气	2罐	标准
菜盘	1个	33（10寸）
雕刻刀具	1套	38.5×28.5×5.5

（1）布置什锦冷拼制作任务，对菜肴完成时间、最终质量、安全生产、文明生产、环保意识做出具体要求。

（2）从色出发，对冷拼的色泽搭配进行分析。

（3）从香味出发，对冷菜的调味方法进行分析。

（4）从型出发，对冷菜的造型进行分析。

（5）从器皿出发，对装盘的整体效果进行分析。

（6）首先检查硬件设备，是否有器材故障、刀具用具是否齐整。

（7）对学生的项目完成情况进行评价,按照评分表的标准给出成绩。

（8）关闭电源，将厨房恢复原样，清点工具并归还教师。认真填写实训设备使用情况，对废品废料进行分类处理，打扫实训室卫生，组织同学对此次项目进行总结。

3. 项目评价：

什锦冷拼项目评价表

项目	评分			
	标准分	扣分	得分	总分
布局合理	5			
比例恰当	10			
刀　　工	25			
形　　状	5			
造　　型	20			
色彩搭配	10			
姿势手法	5			
操作卫生	10			
时间60分钟	10			

发生重大事故（人身和设备安全事故）、严重违反维修原则、野蛮操作等情况的，由指导教师决定是否取消其实操资格。

项目作业

1. 什锦冷拼的选料要求有哪些?

2. 分析什锦冷拼的刀工成型与拼摆成型的关键要素。

3.举例说明冷拼原材料的选择要求。

4.借鉴所学内容，开阔思路，设计一种不同造型的什锦冷拼。

　　学会什锦冷拼，能运用切、拌、拼技法拼制出同类型的双拼、三拼、四拼、五拼等一系列的几何图案，将所学技法融会贯通。

冷盘雕刻技术

项目六

扇形冷拼

扇形冷拼

项目	要求
味　型	咸鲜适口
烹制方法	生拌、切、排、拼、堆
特　点	色泽鲜艳、食材本味突出、口感脆嫩
原　料	萝卜 300 克、胡萝卜 300 克 午餐肉 300 克、鸡丝 100 克

【冷拼质量标准】

1. 扇形冷盘三拼，时间为 60 分钟。

2. 学生一律使用现场统一提供的午餐肉（300 克）、白萝卜（1 根，约 300 克）、胡萝卜（2 根，约 300 克）、鸡丝（100 克）。

3. 用上述四种料拼摆成半球形，每料均为 120° 角扇形（以排片盖面）。

4. 不得使用茸泥、粒形料垫底，不得借助扣碗等工具帮助成型。

5. 成品用现场提供的 23 厘米的平盘盛装送评。

【鉴定标准分析】

1. 扇形冷盘三拼时间为 60 分钟，手法要干净利落，技术要熟练。

2. 拼摆成半球形，每料均为 120° 角扇形，因此要求相邻间原料应保持 0.5 厘米的齐直缝隙。

冷拼拼摆手法常见分类

一、排

排，就是将通过刀工处理好的片、块、条、丝以及小型食材整齐划一地排在盘中。实际操作时，应根据盛器规格、原料大小，运用不同的排法，如水晶肘花、白切东山羊。

二、堆

堆，是将丁、片、丝和一些形状不规则的冷菜原料堆放在盘中，多用于围碟或单盘。堆的手法虽说很简单，但讲究艺术性，可堆出山水、建筑物。

三、叠

叠，就是将经过刀工处理美化的冷拼食材，一片一片叠加起来，形成各种造型的过程。其手法是一种精细的操作过程，通常需要同刀工密切配合，边切边叠。必须在刀工处理上达到厚薄、长短、大小一致。叠好后通过整理，用刀铲起，铺盖在垫底食材的上面。一般都会采用具有韧性、脆性且不带骨的原料。

四、围

围，就是把冷菜原料通过刀工美化，在盘中排列成环形，层层围绕、多层环叠。围的手法有围边、排围。围边，是将主料四周围上一些配料，搭配不同的颜色；排围，则是排列组合成各种几何图案。用围的方法可以烘托主料，增添色彩。

五、贴

贴，又称摆，就是将冷菜原料通过刀工美化，处理成各种象形的片状，拼摆在已经大致成形的轮廓上。通常多用于艺术拼盘，如翅膀、尾翼，其技术要求比较高，需通过长期练习才能熟练掌握技巧，才能贴出形象生动逼真的冷拼。

冷拼制作流程

做好冷拼，需要有一定的美术基础，对拼摆事物有一定的了解，确定了构图结构后再拼摆。

拼摆前，要经过下大料、初加工（焯水或入味）、划细片、拼接等流程。冷拼的主题内容很多，春夏秋冬、飞禽走兽、花鸟鱼虫、山川风物等，皆可生动再现。比如，表现植物的有"春暖花开""茁壮成长"；表现山水的有"椰岛风光""锦绣河山"；表现动物的有"孔雀开屏""松鹤延年"等。

1.下大料：根据所要拼摆的物体形态下大料，多为凤眼片、长形片、圆形片、橄榄片。下料准确，符合要求，无断裂、无阶梯。

2.初加工（焯水或入味）：下好大料后就需要根据拼摆物体的具体要求焯水入味。水温100℃时加入下好的大料熟制，焯水后加酒、味精、盐入味。焯水后入味透彻。

3.划细片：划细片时要求刀工精细程度高，片与片相同，成片一致，美观整齐。眼下先进的制作工艺多用片刀加工。

4.拼接：拼接时应注意轻拿细片，迅速捻开，手稳心静。拼摆时尽量覆靠住底部原料以求逼真。

潮洲专业卤水配方及制作秘技

在制作冷菜拼盘时，经常会用到各种卤制品，如卤牛肉。而在各种卤水制作中，粤菜卤水可谓首屈一指。

粤菜卤水主要包括白卤水、一般卤水、精卤水（即油鸡水）、潮州卤水、脆皮乳鸽卤水。

20世纪80年代初，厨师们大都是以一般卤水及精卤水（油鸡水）的传统固定配方去制作所有的粤式卤水品种的。制作卤水使用的材料大多以香料、药材、清水或生抽为主，缺乏肉味和鲜味，口感则以大咸大甜为主。随着人们口味的变化，此类配方制品逐渐受到食家们的冷落。到了90年代，制作卤水的材料有了质的改变，富有改革精神的厨师们在新兴的"潮州卤水"上下工夫，引入"熬顶汤"的概念，在"潮州卤水"中加入金华火腿、大骨、大地鱼、瑶柱等鲜味原料，使得"新派"的卤水品种不仅带有浓香的药材香味，还增加了鲜味和肉味，令食客吃后唇齿留香。

之后人们对所有卤水进行了一次革新，在它们原有的色泽没有改变的前提下，加入了能使卤水增加鲜味和肉味的原料，并且在口感方面改变传统大咸大甜的口味，以浓而不咸为重点，使原有的卤水配方得以新生。

一、白卤水

用料：清水5千克，桂皮50克，沙姜50克，陈皮20克，甘草50克，香叶50克，八角（大茴香）30克，川椒（花椒）30克，绍兴花雕酒400克，玫瑰露酒500克，精盐200克，味精100克。

制法：首先将卤水药材用汤料袋包好，然后放入已煮滚的清水中，待再翻滚数分钟后，调入调味料和酒类便可使用。

二、一般卤水

用料：清水 3 千克，生抽 3 千克，绍兴花雕酒 200 克，冰糖 300 克，姜块 100 克，葱条 200 克，生油 200 克，八角（大茴香）50 克，桂皮 100 克，甘草 100 克，草果（草豆蔻）30 克，丁香 30 克，沙姜 30 克，陈皮 30 克，罗汉果 1 个，红谷米 100 克。

制法：热锅下油，爆透姜块和葱条，然后倒入煮滚已混合的清水、生抽、绍兴花雕酒和冰糖的液体中，用慢火熬滚。卤水药材须用汤料袋包裹，而红谷米则另外用汤料袋包裹，在倒入姜葱时放入汤料袋。初次熬卤水时，应待卤水慢火细熬约 30 分钟后才使用，这样卤水药材及豉油的香味才能充分散发出来。

三、精卤水

用料：生抽 3 千克，冰糖 2 千克，老抽 300 克，绍兴花雕酒 200 克，甘草 20 克，桂皮 20 克，八角（大茴香）20 克，丁香 5 克，花椒（川椒）10 克，小茴香 10 克，香叶 20 克，草果（草豆蔻）10 克，甘草 15 克，陈皮 15 克，罗汉果 1 个，红谷米 50 克，姜块 100 克，葱条 150 克，生油 200 克。

制法：先将生抽、冰糖、绍兴花雕酒混合后用慢火煮滚，然后放入用汤料袋包裹好的卤水药材，而红谷米则另用汤料袋包裹，同时放入爆透爆香的姜葱，再慢火滚约 2 小时，最后观察卤水的颜色，用老抽调好色泽便可使用。

卤水的使用及保管

卤水应该是存放时间越长越好。妥善保管好卤水，才能保证卤水经久不坏。储存卤水，忌用铁桶和木器，而应该用土陶瓷容器盛装，因为陶器体身较厚，可免受外界热量的影响，铁器容易生锈，木器有异味。

卤水一般分为四层，上面一层为浮油，二层为浮沫，三层为卤水，四层为料渣。最上面一层浮油对卤水起一定保护作用，但凡事都是有两面性，浮油多了也会对卤水产生破坏作用。因此，恰当处理好浮油，也是保管中的一个关键。浮油以卤水之上有薄薄的一层为宜。若无浮油，则香味容易挥发，卤水容易坏，卤制时也不易保持锅内恒温；若浮油过多，则卤制的汁热不易散失冷却，热气闷在里面会使卤水发臭、翻泡，时间长了还容易霉变。

一、卤水的保管

1.用卤水时必须将其烧开，把上面多余的浮油打去，再把泡沫打干净，用纱布过滤沉淀，保持卤水干净。

2.每年春节后气温逐渐上升，因此要求每天早晚都必须将卤水烧开，放在固定地方不动。

3.夏天气候炎热，是卤水极易变质的多发期，发泡、变酸现象频繁出现，因此，每天必须将卤水烧开两次（早上一次，下午一次，并且固定不动）。

4.虽然秋季温度逐渐下降，但是暑热未完。俗话说的好，七霉，八烂，九生蛆，因此，每天最少烧开卤水两三次，放在固定的地方不动。

5.冬季温度逐步下降，每天烧开卤水一次，放在固定的地方不动。

6.每次用卤水卤完食物后必须烧开保存。如果卤水越来越酽，就必须用鸡血（一只鸡的血加1千克水）与水搅散倒进卤水内搅转起漩涡，待静止后再烧沸腾，用纱布滤去杂质。

7.经常检查卤水中的咸味，并适当调正，以免过咸过淡，或者香气过重过弱。卤水要在遮光、透风、地面平整、干燥、不易碰撞的环境存放。

8.可以用冰箱来保管卤水，具体做法是：把卤水烧开，用纱布滤去杂质，然后再烧开，静止冷却，用保鲜膜封口后即可放入冰箱保管。

9.餐厅中的卤水必须由专人保管，每天添加汤汁及卤制原料时必须进行登记，以保持卤水香味香气的持久性。即便是家庭用的卤水，也要定期对其进行检查，以免变质。

二、卤水的使用

1.凡动物性原料在卤制前均须先做氽水处理，否则，原料直接下锅后，会导致卤水急剧减少，从而造成菜品口味过咸。

2.一锅上好的卤水，应经常卤制鲜味较浓的动物性原料，这样才能增加卤水的鲜香味。有一句行话，叫作"卤水越老越好"，讲的就是这个道理。

3.猪肉和鸡、鸭、鹅、兔这类鲜香味较浓的原料，应与异味较重的牛、羊肉及各种动物"下水"原料分开使用卤水，以保证卤水和卤制菜品的质量。

4.在使用过程中，要经常检查卤水的色泽、香味、咸度以及汤汁是否充足，缺啥补啥。

工艺流程

1.选料 → 2.清洗消毒 → 3.腌制 → 4.改刀 → 5.拌制 → 6.垫底

盖面制作什锦冷菜拼盘时，也要经过一般冷菜装盘时的三个步骤，即垫底、围边、盖面。在选料上荤素搭配合理、颜色对比强烈、营养配比均衡，使其形象生动逼真。

第一步　选料、腌制

第二步　改刀

第三步　垫底

第四步　盖面

第五步　点缀成盘

第一步　选料

　　将洗净经高温消毒的白萝卜、胡萝卜改刀切配成长 6 厘米 × 宽 1.5 厘米的长方片，加入调料腌制。

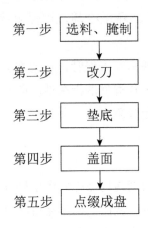

第二步　垫底、拼摆

　　将牛肉或午餐肉切成长方片 (切配成长 6 厘米 × 宽 1.5 厘米片状) 垫底，或将鸡丝垫底，呈 180° 角的扇形。

第三步　盖面成盘

将各种长方片拼摆成扇形，用 23 厘米的平盘盛装，稍加装饰即可。

问题 1：扇形冷拼视觉混乱怎么办？

措施：拼制扇形冷拼时，一定要顺序一致，否则会造成视觉混乱。

问题 2：扇形层次感不突出怎么办？

措施：刀工要精细，拼摆技法运用合理，综合各种手法。

1.组织方式：学生按照一人一组分别负责切配和拼盘，在完成什锦冷拼任务后按一人一组完成拓展任务。

2.生产准备：

所需物品	数量	规格/厘米
菜刀	1把	标准
案板	1个	标准
菜盘	1个	33（10寸）
雕刻刀具	1套	38.5×28.5×5.5

（1）布置扇形冷拼制作任务，对菜肴完成的实施时间、最终质量、安全生产、文明生产、环保意识做出具体要求。

（2）从色出发，对冷拼的色泽搭配进行分析。

（3）从香味出发，对冷菜的调味方法进行分析。

（4）从型出发，对冷菜的造型进行分析。

（5）从器皿出发，对装盘的整体效果进行分析。

（6）首先检查硬件设备，是否有器材故障、刀具用具是否完整。

（7）对学生的项目完成情况进行评价，按照评分表的标准给出成绩。

（8）关闭电源，将厨房恢复原样，清点工具并归还教师。认真填写实训设备使用情况，对废品废料进行分类处理。打扫实训室卫生，组织同学对此次项目进行总结。

（3）项目评价：

扇形冷拼项目评价表

项目	评分			
	标准分	扣分	得分	总分
选料清洗	5			
垫底工序	10			
刀工成型	25			
刀面处理	5			
扇形构图	20			
色彩搭配	10			
姿势手法	5			
操作卫生	10			
时间60分钟	10			

发生重大事故（人身和设备安全事故）、严重违反维修原则、野蛮操作等情况的，由指导教师决定是否取消其实操资格。

1. 练习巩固扇形冷拼的拼制手法，找到提高拼摆速度的关键。
2. 能依照卤水配方制作冷拼所需荤腥卤料。

项目拓展

　　在熟练运用扇形冷拼的拼制手法后，结合雕刻技术，拼制孔雀开屏等各种造型的扇形冷拼。

项目七

金玉满堂冷拼

金玉满堂冷拼

项目	要求
味　　型	五香味
烹制方法	生拌、切、排、拼
特　　点	色泽鲜艳、形象生动、食材本味突出、口感脆嫩
原　　料	黄瓜100克、胡萝卜100克 萝卜100克、心里美萝卜200克 午餐肉100克、鸡丝50克 卤牛肉100克、咸水虾仁100克

【冷拼制质量标准】

1. 时间要求：120分钟内完成。

2. 质量要求：色、香、味、型、口感良好，拼摆合理，形象生动，选盘适宜，盘饰美观。

3. 安全要求：严格按照安全操作规程进行项目作业，严格执行冷菜间"五专"（专人专室制作、专用工具、专用消毒设施、专用储藏设备、专用冷藏设备）。

4. 文明要求：自觉按照文明生产要求进行项目作业。

5. 环保要求：严格按照环境保护要求进行项目作业。

【鉴定标准分析】

1. 外形：刀功细致，比例合适，主次分明，清爽，盘内无汁水；整盘菜色泽明快，拼摆整齐美观、形象生动；刀工细致，比例合适，主次分明。

2. 香：咸鲜适口，振人食欲。

3. 口感：鲜爽脆嫩、爽口开胃。

4. 味道：鲜嫩、清甜、脆嫩、咸香适口、软糯。

生拌的要点：对原材料进行消毒处理，调味精准，手法娴熟。

切的要点：刀工精细，精确迅速。

拼的要点：层次分明，次序有别，整齐划一。

排的要点：间距均衡，色泽清晰。

堆的要点：富有立体感。

花色冷拼组成结构

冷拼基本分为主体、附体、配件、食用件、装饰。以金玉满堂为例：

主体：金鲤、荷叶

附体：荷花、枝干

配件：露珠、题目、印章

食用件：假山、西蓝花、虾仁

装饰：小草

卤水配方

一、五香味卤水配方

八角 25 克、桂皮 15 克、小茴香 15 ~ 25 克、甘草 10 克、山萘 10 克、甘菘 3 ~ 5 克、花椒 20 克、砂仁 10 克、草豆蔻 5 克、草果 15 克、丁香 5 ~ 15 克、生姜 100 克、大葱 150 克、绍酒 100 克、冰糖 350 ~ 500 克、味精 15 克、精盐 350 ~ 500 克、鲜汤 5000 克、精炼油 50 克、纱布袋 2 个。

二、附带几种卤水配方

1. 八角 15 克、茴香 15 克、桂皮 20 克、草果 15 克、花椒 15 克、山萘 10 克、甘草 10 克、香叶 5 克、丁香 5 克（前 5 样必要，后 4 样配多少算多少）。精盐 100 克、味精 30 克、姜 30 克。卤三次后，所有料按 1/3 的量添加。

2.白芷25克（增香）、黄芪8克（味甘、滋补、提香）、陈皮8克（除腥、增香）、丁香8克（香味浓烈、增香）、白蔻25克（增香）、山柰15克（又称沙姜，除腥增香）、良姜15克（气味芳香且浓，勿多放）、荜拨8克（可增加辛辣味）、八角25克（双称大茴，增香）、甘草15克（性味甘，可增回味）、生姜250克（老姜）、花椒无籽红泡椒（适量）、草果15克（增加卤水鲜味）、孜然15克（增香）、砂仁5克（增香，金砂仁为佳）、香叶8克（又名月佳叶，增香）、草蔻15克（可起疏松作用）、桂皮（香味浓烈，微甜）、玉果15克（又称肉蔻，增香）、当归8克（混合香味）、小茴香15克（增香，饱满为佳）、香籽8克（增香）、辣椒适量、糖色适量（上色），卤牛肉最佳。

工艺流程

1.选料→2.清洗消毒→3.腌制→4.改刀→5.拌制→6.垫底→7.盖面

制作什锦冷菜拼盘时，也要经过一般冷菜装盘时的三个步骤，即垫底、围边、盖面。但在选料上要荤素搭配合理，颜色对比强烈，营养配比均衡，使其形象生动逼真。

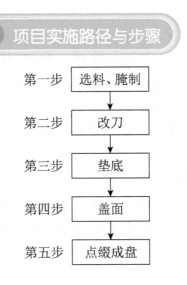

▶ 项目实施路径与步骤

第一步　选料、腌制

第二步　改刀

第三步　垫底

第四步　盖面

第五步　点缀成盘

第一步 选料

　　将黄瓜冲洗干净消毒，改刀成型，去心改刀成柳叶片，象牙白萝卜、胡萝卜、心里美萝卜改刀成椭圆鳞片形2.5厘米×3厘米的片，加入调料腌制。

第二步 改刀、垫底

　　将莴笋改刀成椭圆鳞片形2.5厘米×3厘米的片；卤牛肉、午餐肉、香肠成柳叶形6厘米×3厘米的片，鸡丝垫底。

第三步 盖面成盘

　　用23厘米的平盘盛装，从鱼尾部盖面，稍加装饰即可。

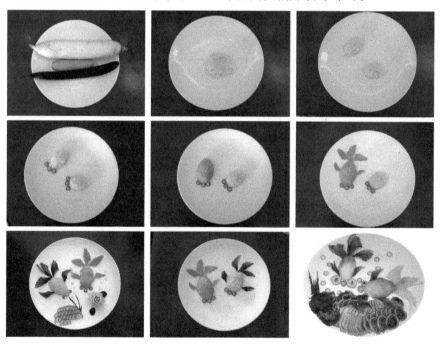

项目预案

问题1：鱼鳞拼反怎么办？

措施：拼制鱼形冷拼时，一定要从尾部由下至上，层层堆摆。

问题2：鱼尾不生动怎么办？

措施：拼制鱼尾时一定要将片片薄。

项目实施评价

1. 组织方式：学生按照一人一组分别负责切配和拼盘，在完成什锦冷拼任务后按一人一组完成拓展任务。

2. 生产准备：

所需物品	数量	规格/厘米
炒锅	1个	标准
炒勺	1把	标准
菜刀	1把	标准
案板	1个	标准
液化气	2罐	标准
菜盘	1个	33（10寸）
雕刻刀具	1套	38.5×28.5×5.5

（1）布置金玉满堂制作任务，对菜肴完成的实施时间、最终质量、安全生产、文明生产、环保意识提出具体要求。

（2）从色出发，对冷拼的色泽搭配进行分析。

（3）从香味出发，对冷菜的调味方法进行分析。

（4）从型出发，对冷菜的造型进行分析。

（5）从器皿出发，对装盘的整体效果进行分析。

（6）首先检查硬件设备是否有器材故障、刀具用具是否完整。

（7）对学生的项目完成情况进行评价，按照评分表的标准给出成绩。

（8）关闭电源，将厨房恢复原样，清点工具并归还教师。认真填写实训设备使用情况，对废品废料进行分类处理。打扫实训室卫生，组织同学对此次项目进行总结。

3. 项目评价：

金玉满堂冷拼项目评价表

项目	评分			
	标准分	扣分	得分	总分
选料清洗	5			
卤味加工	10			
刀工成型	25			
垫底制作	5			
鱼形构图	20			
色彩搭配	10			
刀面处理	5			
操作卫生	10			
时间120分钟	10			

发生重大事故（人身和设备安全事故）、严重违反维修原则、野蛮操作等情况的，由指导教师决定是否取消其实操资格。

项目作业

1. 课后练习金鱼的拼摆手法，独立思考如何提高作业速度？

2. 广东卤水的种类及特点有哪些？

3. 制作潮州卤水的关键是什么？

项目拓展

1. 通过完成金玉满堂冷拼的制作，同学们能运用同样的技法完成其他作品。

2. 由完成金玉满堂冷拼练习获得优秀的第一、第二组分别完成三种以上的鱼形图案的花色拼盘制作。

3. 由学生自行提出制作标准和要求，教师对不足之处给予指导修正。

项目八

丹凤朝阳冷拼

项目任务和要求

丹凤朝阳冷拼

项目	要求
味　　型	咸鲜适口
烹制方法	生拌、切、拼、围、贴
特　　点	色泽鲜艳、层次分明、形态生动、食材本味突出、口感脆嫩
原　　料	黄瓜 100 克、胡萝卜 100 克 萝卜 100 克、卤猪耳 200 克 午餐肉 100 克、鸡丝 50 克 卤牛肉 100 克、香肠 100 克

【冷拼质量标准】

1. 时间要求：120 分钟内完成。

2. 质量要求：色、香、味、型、口感良好，拼摆合理，造型灵动，选盘适宜，盘饰美观。

3. 安全要求：严格按照安全操作规程进行项目作业，严格执行冷菜间"五专"(专人专室制作、专用工具、专用消毒设施、专用储藏设备、专用冷藏设备)。

4. 文明要求：自觉按照文明生产规则进行项目作业。

5. 环保要求：按照环境保护要求进行项目作业。

【鉴定标准分析】

1. 外形：刀功细致，比例合适，主次分明，清爽，盘内无汁水；整盘菜色泽明快，拼摆整齐美观；刀工细致，比例合适，主次分明。

2. 香：咸鲜适口，振人食欲。

3. 口感：鲜爽脆嫩、爽口开胃。

4. 味道：鲜嫩、清甜、脆嫩、咸香适口、软糯。

凉菜拼盘的制作形式

凉菜是宴席上首先与食客见面的菜品，故有"见面菜"或"迎宾菜"之称。因此，凉菜做得好与不好，直接影响到食客对宴席的印象。凉菜拼盘更是各类凉菜品种自然巧妙的组合，因此需要较为讲究的刀工技术、较为协调的色泽搭配以及较为优美的装盘造型。

制作凉菜拼盘，首先要了解凉菜拼盘的基本知识和具体操作步骤。

传统的凉菜拼盘有双拼、三拼、四拼、五拼、什景拼盘、花色冷拼等 6 种不同的形式，而制作拼盘时都要经过垫底、围边、盖面三个步骤。现分别详述如下：

一、双拼

双拼，就是把两种不同的凉菜拼摆在一个盘子里。它要求刀工整齐美观，色泽对比分明。其拼法多种多样，可将两种凉菜一样一半，摆在盘子的两边；也可将一种凉菜摆在下面，另一种盖在上面；还可将一种凉菜摆在中间，另一种围在四周。

二、三拼

三拼，就是把三种不同的凉菜拼摆在一个盘子里，这种拼盘一般选用直径 24 厘米的圆盘。三拼不论从凉菜的色泽要求和口味搭配，还是装盘的形式上都比双拼要求更高。三拼最常见的装盘形式是从圆盘的中心点将圆盘划分成三等份，每份摆上一种凉菜；也可将三种凉菜分别摆成内外三圈。

三、四拼

四拼的装盘方法和三拼基本相同，只不过增加了一种凉菜而已。四拼一般选用直径 33 厘米的圆盘。四拼最常见的装盘形式是从圆盘的中心点将圆盘划分成四等份,每份摆上一种凉菜;也可在周围摆上三种凉菜,中间再摆上一种凉菜。四拼中每种凉菜的色泽和味道都要间隔开来。

四、五拼

五拼,也称中拼盘、彩色中盘,是在四拼的基础上,再增加一种凉菜。五拼一般选用 38 厘米的圆盘。五拼最常用的装盘形式是将四种凉菜呈放射状摆在圆盘四周,中间再摆上一种凉菜;也可将五种凉菜均呈放射状摆在圆盘四周,中间再摆上一座食雕作装饰。

五、什锦拼盘

什锦拼盘,就是把多种不同色泽、不同口味的凉菜拼摆在一只大圆盘内。什锦拼盘一般选用直径 42 厘米的大圆盘。什锦拼盘要求外形整齐美观,刀工精巧细腻,拼摆角度准确,色泽搭配协调。什锦拼盘的装盘形式有圆、五角星、九宫格等几何图形,以及葵花、大丽花、牡丹花、梅花等花形,从而形成一个五彩缤纷的图案,给食者以心旷神怡的感觉。

六、花色冷拼

花色冷拼,也称象形拼盘、工艺冷盘,是经过精心构思后,运用精湛的刀工及艺术手法,将多种凉菜菜肴在盘中拼摆成飞禽走兽、花鸟虫鱼、山水园林等各种平面的、立体的或半立体的图案。花色冷拼是一种技术要求高、艺术性强的拼盘形式,其操作程序比较复杂,故一般只用于高档席桌。

花色冷拼要求主题突出,图案新颖,形态生动,造型逼真,食用性强。

要做好凉菜拼盘,首先要练好制作凉菜的基本功。一是要掌握好各种凉菜的烹制方法。凉菜并不等于是简单的凉拌菜,而是采用拌、泡、腌、卤、熏、冻、炸收、糟醉、糖粘等多种技法烹制出来的冷吃菜肴。只有做好了这些凉菜菜肴，才能够为制作凉菜拼盘提供合格的原料。二是要有娴熟的刀工技法。凉菜拼盘的原料大都是加工制熟以后再进行切配，因此具有一定的难度，对刀工技法的要求甚高。只有掌握好各种刀工技法，才能够切配出符合要求的拼盘原料来。三是制作凉菜拼盘还需要具备一定的美术功底和创意能力，才能够设计制作出色泽搭配合理、美观大方、构思巧妙的拼盘。

凉菜拼盘制作步骤

这里需要说明的是，制作凉菜拼盘时，也要经过一般凉菜装盘时的三个步骤，即垫底、围边、盖面。

垫底：就是用修切下来的边角料或质地稍次的原料垫在下面，作为装盘的基础。

围边：就是用切得比较整齐的原料，将垫底碎料的边沿盖上。围边的原料要切得厚薄均匀，并根据拼盘的式样规格等将边角修切整齐。

盖面：就是用质量最好、切得最整齐的原料，整齐均匀地盖在垫底原料的上面，使整个拼盘显得丰满、整齐、美观。

另外，一些凉菜拼盘制作好以后，还要根据需要浇上味汁，或者用一些原料加以装饰和点缀，如车厘子、香菜、黄瓜片、萝卜雕花等。

凉菜拼盘制作卫生要求

色香味美、造型不同的凉菜冷拼可以营造就餐气氛，增进食欲。由于凉菜是冷加工，食用前又不再加热，不卫生的加工制作，极易被细菌污染，引起食物中毒的危险性很大。正确的加工制作是防止细菌污染、保证食品安全卫生的重要措施。

第一，食品原料必须新鲜，这是保证食品安全卫生的前提。夏天天气热，食物搁置太久就会腐烂变质，产生大量细菌和毒素。吃了这样的食物，很容易引起食物中毒。将瓜果、蔬菜用于制作直接食用的冷拼凉菜前，必须彻底洗净消毒。

第二，应经常对厨房清污，消灭有害昆虫，因为昆虫有可能把细菌带到食品上，制作间应保持凉爽，因为在高温环境下细菌会迅速繁殖。

第三，制作凉菜、凉拼用的刀、墩、盆、盘应专用，使用前必须洗净消毒，不能用切生食的刀和菜板切熟食和要拌的菜。

第四，制作凉菜所用的调味品的卫生也不能被忽视，最好选好一点的调味品。制作凉菜时最好多放些醋和蒜，既能调味又能杀菌。

第五，从业人员必须体检。制作凉菜拼盘前，操作人员一定要洗手，最好用流动水。加工过程中，如用手拿了其他物品，特别是去完厕所后，必须重新洗手。嗓子疼、腹泻、手部有创伤或感染，必须停止食品制作。

最后，凉菜冷拼加工制作与食用的时间越短，安全性越高，常温下，冷拼冷菜放置超过4小时是十分危险的，要尽量缩短在室温下的存放时间。

项目理论

一、港式海派的卤水配方

（一）红卤水

将八角25克、桂皮33克、甘草33克、草果8克、丁香8克、沙姜粉（山柰）8克、陈皮8克、罗汉果一小个放入卤料袋中备用。

将锅放在中火上，加入4两花生油、1两拍碎的姜块、2两葱节煸至出香味后，加入浅色酱油3斤、绍酒1.5斤、冰糖1.3斤和卤料袋一起烧开，转小火煨半小时，至香味散出，捞出姜葱，撇去浮沫就行了。

说明：如果经常用，在用了6~8次后要换卤料包，而且酱油、绍酒、冰糖等要根据卤水耗用情况按比例增加。口味重的可以加15~20克左右的盐。

（二）绥阳辣椒酱蘸水

绥阳辣椒酱蘸水的制作方法与糟辣椒蘸水的制作方法基本相同，是将绥阳辣椒酱用熟菜籽油炒香后，加入适量的香菜末、折耳根末、苦蒜末和葱花炒匀，随后出锅装入一盛器内，随用随取。一般可用作素菜、炖菜的蘸水。

绥阳辣椒酱因产自贵州绥阳县而得名，当地老百姓在采收辣椒的季节，将新鲜子弹头朝天椒和小米辣朝天椒去蒂洗净后，加入仔姜、蒜瓣、鲜茴香籽等，用石磨磨成辣椒酱，再加精盐调好味，最后装入土坛中，加盖并注入水，密封 30 天左右即成。

绥阳辣椒酱除可用于调制蘸水外，还可直接下饭。绥阳辣椒酱若保管得当，可 1~3 年不坏，且越陈越香。

二、凤凰特征

凤凰性格高洁，非晨露不饮，非嫩竹不食，非千年梧桐不栖。其种类繁多，因种类不同其象征也不同。传说中共有五类，分别是赤色的朱雀、青色的青鸾、黄色的鹓鶵（yuān chú）、白色的鸿鹄和紫色的鹫鷟（yuè zhuó）。

在神话中，凤凰每次死后，会周身燃起大火，然后在烈火中获得重生，并获得较之以前更强大的生命力，称之为"凤凰涅槃"。如此周而复始，凤凰获得了永生。

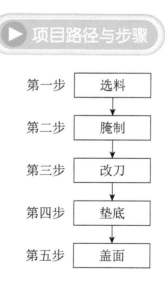

▶ 项目路径与步骤

第一步　选料

第二步　腌制

第三步　改刀

第四步　垫底

第五步　盖面

第一步　选料

　　将黄瓜冲洗干净消毒，改刀成型，去心改刀成柳叶片。象牙白萝卜、胡萝卜、心里美萝卜改刀成 3.5 厘米柳叶片，加入调料腌制。

第二步　改刀

　　将莴笋改刀成 3 ~ 3.5 厘米的尾羽片。

第三步　切配

卤牛肉、午餐肉、香肠、改刀成5.6～6厘米柳叶片。

第四步　垫底

将鸡丝垫底，尾部成半径10厘米的半圆扇形。

第五步　盖面

　　成盘，由尾部半圆拼制围贴出凤凰的羽毛，用改刀好的柳叶片原料拼、贴、叠出凤的身体与双翅，用 23 厘米的平盘盛装，稍加装饰即可。

　　问题 1：凤凰尾羽没有展开怎么办？

　　措施：保证扇形尾羽的饱满度与拼摆刀面的规范度（180°的半圆）。

　　问题 2：凤凰形态不生动怎么办？

　　措施：在拼制身体和双翅时要将孔雀蛇颈"S"形拼出，双翅要尽量翻翘伸展开，形成动感效果。

　　1.组织方式：学生按照一人一组分别负责切配和拼盘，在完成什锦冷拼任务后按一人一组完成拓展任务。

2. 生产准备：

所需物品	数量	规格/厘米
炒锅	1个	标准
炒勺	1把	标准
菜刀	1把	标准
案板	1个	标准
液化气	2罐	标准
菜盘	1个	33（10寸）
雕刻刀具	1套	38.5×28.5×5.5

（1）布置丹凤朝阳冷拼制作任务，对菜肴完成的实施时间、最终质量、安全生产、文明生产、环保意识做出具体要求。

（2）从色出发，对可能的故障进行分析。

（3）从香味出发，对可能的故障进行分析。

（4）从型出发，对可能的故障进行分析。

（5）从器皿出发，对可能的故障进行分析。

（6）首先检查硬件设备，是否有器材故障，燃气是否充足。

（7）对学生的项目完成情况进行评价，按照评分表的标准给出成绩。如果故障不能排除，要重新诊断与排除故障。

（8）关闭电源，将厨房恢复原样，清点工具并归还教师。认真填写实训设备使用情况，对废品废料进行分类处理。打扫实训室卫生，组织同学对此次项目进行总结。

3. 项目评价：

丹凤朝阳冷拼项目评价表

项目	评分			
	标准分	扣分	得分	总分
选料加工	5			
卤味加工	10			
刀工成型	25			
垫底工序	5			
凤凰构图	20			
色彩搭配	10			
刀面处理	5			
操作卫生	10			
时间120分钟	10			

发生重大事故（人身和设备安全事故）、严重违反维修原则、野蛮操作等情况的，由指导教师决定是否取消其实操资格。

1. 课后加强对丹凤朝阳冷拼的强化练习，能准确拼制出凤凰的动态，并思考凤凰是由哪几种动物的什么部位构成的？

2. 课后能独立动手制作港式卤水，并了解各种香料的作用是什么？

1. 通过完成"丹凤朝阳"冷拼制作，同学们还能运用同样的技法完成其他作品。

2. 由完成"丹凤朝阳"冷拼的优秀第一、第二组分别完成三种以上的鸟类图案的花色拼盘，如孔雀、锦鸡、燕子、仙鹤等。

3. 由学生自行提出制作标准和要求，教师对不足之处给予指导修正。

后 记

本教材是在学校统一部署、精心组织安排下，结合贵州旅游产业发展现状、学生职业工作岗位技能需要及贵州省旅游学校实际情况编写。

教材由金敏任主编，唐宇任副主编，周星、宝磊、王俊波、李毅、杜志勇、江增琼等人参与编写。

衷心感谢在教材编写过程中付出辛劳的各位同人、感谢旅游教育出版社景晓莉老师和教材编审委员会、合作企业、兄弟院校的各位专家和领导的指导。

由于编写时间比较仓促，加上编写经验不足、业务水平不高，书中还存在诸多问题或错漏，敬请各位批评指正。

编者